AF357073

Notice

SUR

LES AUTOMATES

DE PIERRE-JACQUET DROZ

ET DE SON FILS HENRI-LOUIS;

SUIVIE

D'UN RECUEIL

D'EXTRAITS DE DIFFÉRENS JOURNAUX.

———

S.ᵗ-ÉTIENNE,

IMPRIMERIE DE DURAND SAURET,

RUE SAINT-LOUIS.

1827.

NOTICE

SUR

LES AUTOMATES

DE PIERRE-JACQUET DROZ

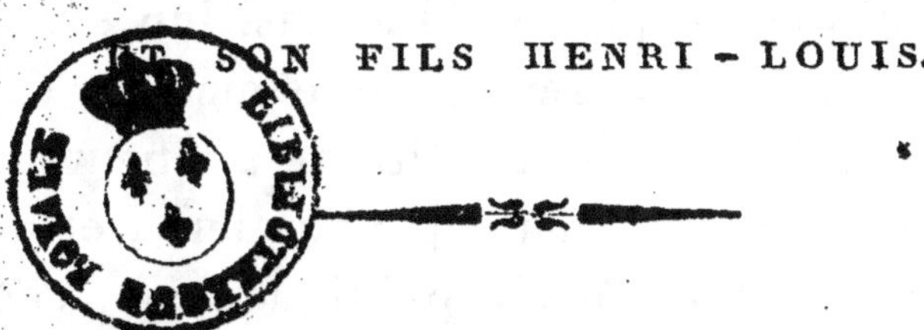

ET SON FILS HENRI - LOUIS.

La mécanique, par ses ouvrages, parvient, plus encore que les autres arts, à exciter l'étonnement et mériter l'admiration des hommes. Si l'on consulte l'antiquité, on y voit que, dès le temps de Pharaon, les prêtres égyptiens s'en servaient pour opérer des miracles que, dans des siècles plus éclairés, l'on a prouvé n'être réellement que le travail d'une mécanique. Aussi les sons merveilleux que produisait la statue de Memnon, aussitôt que les premiers rayons du soleil venaient la frapper, miracle que long-temps l'on s'est refusé à croire, nous sont-ils démontrés maintenant avoir été produits par un mécanisme, placé dans l'intérieur de la statue, et que les prêtres faisaient

1

mouvoir : comme cet art était encore, dans son enfance, connu de fort peu de personnes, il était extrêmement difficile , et pour mieux dire, impossible de découvrir l'imposture, surtout par un peuple aussi amateur du merveilleux.

Malheureusement la mécanique n'a pas toujours été employée à des stratagêmes aussi innocens, et ce n'est pas sans horreur que nous lisons que, dans des temps beaucoup plus rapprochés , et en même-temps beaucoup plus barbares, enfin dans les premiers temps de l'inquisition, il fût fait une machine représentant une madone destinée au supplice d'une quantité de malheureux, victimes souvent d'une haine particulière , et que l'on n'osait pas faire périr publiquement; cette image était posée, les deux bras ouverts, dans l'attitude de la mère de bonté, attendant le pécheur pour lui accorder son pardon. On ordonnait au condamné de se jeter, en signe de foi , dans ses bras; ce mouvement faisait partir une détente, le mécanisme agissait; les deux mains se trouvaient armées de poignards , se resserraient et étouffaient dans leurs embrassemens de fer les malheureuses victimes qui périssaient dans des tourmens affreux.

Mais détournons nos regards de ces horribles instrumens de supplice, et revenons à des objets plus agréables.

Tout ce que les anciens Égyptiens, le peuple

le plus industrieux de l'antiquité, avaient pu inventer et produire, ayant suivi l'anéantissement qu'a éprouvé tout ce qu'a fait ce grand peuple, ce n'est que depuis peu de siècles qu'a eu lieu la régénération de la mécanique, dont on ne peut citer aucun perfectionnement sensible, et surtout dans les automates, avant Vaucanson, membre de l'Académie Royale des Sciences; avant lui, on avait bien vu des automates, mais tous se faisaient mouvoir par des conducteurs extérieurs. Il fit son canard, dans lequel il représente le mécanisme des viscères, destiné aux fonctions du boire, du manger et de la digestion; le jeu des parties nécessaires à ces actions y est parfaitement imité : il alonge son cou pour aller prendre le grain dans la main; il l'avale, le digère, et le rend par les voies ordinaires tout digéré. Tous les gestes d'un canard qui avale avec précipitation, et qui redouble de vitesse dans le mouvement de son gosier pour faire passer son manger jusque dans l'estomac, y sont copiés d'après nature.

L'animal boit, barbotte dans l'eau et croasse comme le canard naturel.

Le second automate est le joueur de tambourin, habillé en berger danseur; il joue une vingtaine d'airs.

Il tient d'une main un flageolet, dont il tire des sons parfaits; de l'autre, il bat le tambourin,

suivant l'air avec une mesure et une justesse in-
concevables.

Vaucanson paraissait avoir atteint les bornes
où le génie humain pouvait parvenir; cependant
deux génies supérieurs , espèce de phénomène
dont l'Helvétie offrit diverses apparitions dans le
dix-septième siècle , devaient le surpasser; c'é-
taient Pierre-Jacquet Droz , et Henri-Louis-Jacquet Droz son fils. On avait admiré les ouvrages
de Vaucanson; mais on ne peut concevoir l'é-
tonnement que produisirent les automates de
MM. Droz.

Le plus extraordinaire de tous les automates
de Pierre-Jacquet Droz , celui qui suppose le
plus de génie et le plus de patience, fut un automate écrivant sous la dictée : l'automate paraît
animé ; a - t - il épuisé l'encre de sa plume , il
avance la main vers l'écritoire et la renouvelle ;
en a-t-il trop pris, il la secoue et la rejette; ses
yeux se meuvent dans tous les sens, ils suivent
tous les mouvemens de sa main, et le spectateur
en balance doute si c'est une illusion, ou si ce
n'est point réellement un enfant qu'il voit agir.
Sous un maître aussi habile, son fils (son élève)
ne pouvait manquer de devenir célèbre; aussi à
l'âge de vingt-deux ans (en 1763) accompagna-
t-il son père à Paris : il y apporta plusieurs pièces
de son invention qui pouvaient rivaliser celles
faites par son père ; c'étaient, entre autres, un

automate dessinateur, et une jeune fille touchant du piano ; ces deux merveilles sont du nombre de celles dont l'existence peut seule prouver la possibilité.

La jeune demoiselle touche différens airs sur le piano, elle suit la musique de la tête et des yeux ; les mouvemens de son sein naissant marquent la respiration ; ses paupières sont mobiles. Quand elle a fini de jouer, elle salue de l'air le plus gracieux ; ce sont les grâces, l'innocence et la timidité de quinze ans.

L'automate qui dessine est sous la forme d'un enfant ; il ne paraît guère au-dessus de l'âge de quatre ans ; ses talens ne se bornent pas à un seul sujet ; tantôt il dessine en profil le portrait de Louis XV, tantôt ce sont ceux du roi et de la reine d'Angleterre ; puis c'est l'Amour dans un char traîné par un papillon qui vient se former sous ses doigts, ou bien un chien, et, au-dessous de cet animal fidèle, il écrit *mon toutou*. Si un corps étranger vient se poser sur son papier et gêner son travail, on le voit le souffler ; il esquisse son sujet, et ensuite il l'ombre ; tout cela se fait sans communication extérieure, et sans autre moyen que ceux dus à la perfection de la mécanique.

On ne verra peut-être pas sans plaisir ce que dit la Biographie universelle, ancienne et moderne, tom. 12, Paris 1814, sous le nom de Droz.

Droz (Pierre-Jacquet), habile mécanicien, né le 28 juillet 1721, à la Chaux-de-Fond, dans le comté de Neuchâtel, fut d'abord destiné à l'état ecclésiastique. Après avoir terminé ses études à l'académie de Bâle, il revint dans sa famille attendre le moment où son âge lui permettrait de recevoir l'institution pastorale. Il trouva une de ses sœurs occupée à l'horlogerie, genre d'industrie qui commençait à s'introduire dans le pays. Son assiduité à voir travailler sa sœur développa en lui un goût très-vif pour la même profession, et il obtint de ses parens de s'y livrer uniquement. Droz ne pouvait pas s'astreindre aux opérations d'un ouvrier. Il essaya d'abord de perfectionner différentes pièces de la montre ; et bientôt il trouva le moyen d'adapter, à peu de frais, aux horloges communes, un carillon et des jeux de flûte. Il forma ensuite le projet de résoudre le grand problême du mouvement perpétuel : c'était une tentative chimérique ; mais elle le mit sur la voie de plusieurs découvertes importantes. C'est en s'occupant de la solution de ce problême qu'il conçut l'idée d'une pendule, laquelle, au moyen de la combinaison de deux métaux inégalement dilatables pourrait marcher sans être remontée, tant que les pièces n'en seraient pas détériorées par le frottement. Milord Maréchal, alors gouverneur de Neufchâtel, engagea Droz à faire le voyage de Madrid, pour présenter cette pendule au roi d'Espagne. Elle fut soumise à l'examen d'une commission d'artistes, qui tous rendirent hommage au talent de l'inventeur. Droz avait emporté avec lui à Madrid plusieurs autres mécaniques très-curieuses, dont on trouvera la description dans l'Encyclopédie, édition d'Yverdun, au mot Automate. Ce fut à son retour d'Espagne qu'il exécuta de tous ses ouvrages le plus extraordinaire, celui qui suppose le plus de génie et de patience : on veut parler de l'automate écrivain. Les mouvemens des articulations de la main, dans cette figure, étaient sensibles à l'œil, et assez réguliers pour former des caractères agréables. Le mécanisme qui la faisait mouvoir était intérieur. M. Maillardet, son élève, a exécuté à Londres un automate à peu près semblable; mais le mécanisme est placé dans le tronçon de la colonne qui sert de table, et en faisant agir seulement les poignets et non les bras, il a évité une partie des difficultés que Droz avait eu à vaincre. Le dernier ouvrage de cet habile artiste fut une pendule astronomique. Il y travaillait encore lorsqu'il sentit sa santé s'affaiblir par l'excès des fatigues. Il chercha à recouvrer sa santé en se rendant à Genève; il vint ensuite à Bienne, où il mourut le 28 novembre 1790.

Droz (Henri-Louis-Jacquet), fils du précédent, naquit à la Chaux-de-Fond, le 13 octobre 1752. Son père prit soin de sa première éducation, et l'envoya ensuite à Nanci pour se perfectionner dans les mathématiques. A l'âge de seize ans il annonçait de grandes dispositions pour la mécanique, et il n'en avait que vingt-deux, lorsqu'il vint à Paris avec plusieurs pièces de son invention, entre autres, un automate dessinateur et une figure de jeune fille qui touchait différens airs sur le clavecin, suivait la musique des yeux, de la tête, et saluait la compagnie. ... Pendant son séjour à Paris il fit exécuter par Leschot, ouvrier très-distingué, formé par son père, deux mains artificielles pour le fils de M. de la Reynière, fermier général, privé de l'usage des siennes, et au moyen desquelles il pouvait suffire presque à tous ses besoins. Vaucanson, en voyant ces mains, dit à Droz : « Jeune homme, vous com» mencez par où je voudrais finir. » Droz forma ensuite à Londres un établissement pour les pièces compliquées d'horlogerie, à raison de la plus grande facilité de l'écoulement; mais le climat de l'Angleterre ne convenant pas à sa santé, il vint demeurer à Genève en 1784. Les magistrats lui accordèrent la bourgeoisie, par estime pour ses talens. Son caractère aimable, ses connaissances variées, son goût pour la musique le faisaient rechercher par les personnes les plus distinguées. Le naturaliste Bonnet l'honora de son amitié. Il fut admis dans la Société pour l'avancement des arts, et il y lut plusieurs mémoires

intéressans sur les moyens d'accroître la prospérité des fabriques d'horlogerie, sur les procédés
à employer pour garantir l'émail de l'action trop
vive du feu, etc. Il faisait à ses frais toutes les
expériences nécessaires, accueillait toutes les découvertes qu'il jugeait utiles, employait ou dirigeait constamment un grand nombre d'ouvriers.
Cet homme estimable fut atteint d'une maladie
de poitrine, et par le conseil des médecins, il se
rendit aux îles d'Hyères; mais le mal faisant de
nouveaux progrès, il partit pour Naples. A peine
y fut-il arrivé, que, succombant à la trop grande
fatigue du voyage, il mourut le 18 novembre
1791, à l'âge de 39 ans. Il n'a laissé qu'une fille
de son mariage avec une demoiselle de Genève.
Senebier a prononcé son éloge à la Société d'Encouragement.

Extrait du Manuel chronométrique, par A. —
Janvier 1821, page 219;

« Enfin, au commencement de 1763, un génie
« supérieur, espèce de phénomène, dont l'Hel-
« vétie offrit diverses apparitions dans ce siècle (2),
« publia, sous le titre modeste d'*Essai*, le pre-
« mier ouvrage où l'on trouve les principes de

« (1) Tels que Jacquet Droz, mécanicien célèbre, qui,
« même après le flûteur de Vaucanson, trouva le secret
« d'étonner la capitale avec d'autres merveilles de ce
« genre. »

1.

« l'art de mesurer le temps; principes créés par
« l'auteur; prouvés par des calculs rigoureux, et
« confirmés par des expériences délicates. »

On trouvera aussi une description très-étendue
de ces pièces mécaniques dans l'Encyclopédie,
édition de Verdun, au mot *Automate*, et dans
le second volume des veillées du Château, par
madame de Genlis, au chapitre *Fééries*.

Ces merveilleuses pièces mécaniques, dont nous
n'avons pu donner qu'une courte et imparfaite
description, tant elles sont extraordinaires, mais
dont on peut juger soi-même, puisqu'un hasard
heureux a permis qu'elles ne fussent pas entièrement perdues pour nous, firent en France l'admiration de la famille royale, qui daigna les honorer de sa présence, et de nombreux curieux
qui vinrent les voir jusqu'à leur départ pour l'Angleterre, où ils reçurent, du roi et de sa cour,
ainsi que de la presque totalité des habitans de
Londres, les mêmes éloges qu'à Paris.

Un riche négociant, qui les vit à Londres, parvint
à en acquérir la propriété en en donnant un prix
immense, et, accompagné d'un habile mécanicien
suisse, les transporta en Espagne, où le roi
Charles IV en fut si émerveillé, qu'il manifesta
le désir d'en faire l'acquisition. Malgré le béné-
fice déjà très-grand qui lui était offert, ce nouveau propriétaire, espérant sans doute en faire
un plus considérable, en parcourant les diverses

cours de l'Europe, refusa de les vendre. Mais leurs talens étaient si miraculeux, et leur renommée si grande, qu'elle éveilla l'attention des inquisiteurs, qui, les voyant opérer, ne purent se persuader que ce n'était que des machines, et qu'il n'y avait pas quelque sortilége; pour s'en assurer, ils firent jeter dans leurs cachots, propriétaires, mécanicien et automates.

Appelés, et interrogés devant le redoutable tribunal, et ne comprenant point les dangers qui les menaçaient, l'un répondit en écrivant, l'autre en dessinant, et le troisième en touchant sur son piano. Ces réponses ne satisfirent guère les interrogateurs, qui de long-temps n'avaient vu un auto-da-fé, et qui allaient faire justice de ces trois petits artistes, si le pauvre mécanicien, qui mourait de peur de la seule idée de se voir rôtir tout vif, et qui croyait déjà sentir sous ses pieds la chaleur des tisons ardens, ne se fût empressé de démonter ses mécaniques et de convaincre les inquisiteurs que tout le sortilége était dans le travail des rouages : ils furent donc mis en liberté.

Mais le propriétaire et le mécanicien avaient eu une telle frayeur, que le premier revint en France avec ses automates, où il mourut peu de temps après ; le second se hâta de regagner ses montagnes, jurant bien que jamais on ne le reprendrait dans un pays où l'on voulait brûler les gens pour avoir été plus savans que l'inquisition.

Les automates, ne pouvant, comme leur maître, gagner les champs, restèrent enfermés pendant trente-six ans dans un château, sans que personne en eût connaissance; enfin, heureusement pour eux, et encore plus pour nous, un des fils du propriétaire, passant en revue, l'habitation de son père, que depuis long-temps il avait quittée, découvrit dans un grenier les trois petits personnages; mais, grand Dieu! dans quel état? Si le temps, qui use tout, n'avait pas eu ce pouvoir sur ces merveilleuses mécaniques, tant leur solidité répondait à leur fini, au moins les avait-il enduites de sa rouille; et il ne fallait pas moins que toute l'adresse de l'habile mécanicien, qui, jaloux de s'associer à la gloire de MM. Droz, a tout fait pour les remettre en parfait état.

Ces automates, que l'on voit exposés maintenant, et qui ont de nouveau été honorés de la présence de la famille royale, ont été jusqu'à présent le *nec plus ultrà* de la mécanique, et on n'en connaît point qui les ait surpassés : il est à croire que long-temps encore MM. Droz passeront pour avoir été les plus habiles mécaniciens connus.

Nous avons regardé comme le complément indispensable de la notice que l'on vient de lire, le recueil des articles que différens journaux et écrits périodiques ont consacrés à nos automates. En conséquence nous avons pensé que l'on nous saurait gré de les reproduire ici.

Extrait de la BIOGRAPHIE NOUVELLE DES CONTEMPORAINS, *tome VI.*

DROZ (Pierre-Jacquet), destiné à l'état ecclésiastique presque dès sa naissance, ayant terminé ses études à l'académie de Bâle avant d'avoir atteint l'âge requis pour recevoir l'institution pastorale, revint en attendant chez ses parens, où il trouva une de ses sœurs qui travaillait à l'horlogerie. Bientôt il prit pour cette profession un goût si prononcé, qu'il résolut de s'y livrer entièrement. Il fit dans cet art des progrès surprenans. Dès les commencemens, il s'occupa de perfectionner quelques pièces; et peu de temps après il adapta, presque sans frais, des jeux de flûte et des carillons aux horloges les plus communes; son imagination s'exaltant ensuite, il se persuada de pouvoir

trouver le mouvement perpétuel. Il travailla
donc à résoudre ce grand problème; mais quelques découvertes intéressantes furent le seul résultat de cette entreprise chimérique. Déchu de
ses espérances de ce côté, il réussit parfaitement
à faire une pendule qui, au moyen de deux métaux inégalement dilatables, marchait sans être
remontée, tant que les pièces n'étaient pas détériorées par le frottement ; cette pendule, pré-
sentée au Roi d'Espagne, valut à son auteur les
éloges les plus flatteurs de la part des artistes
qui furent chargés de l'examiner. A son retour
d'Espagne, où il avait emporté plusieurs autres
mécaniques curieuses, Droz fit son automate
écrivain, qui est de tous ses ouvrages celui
qui parut le plus surprenant, et qui demandait
en même temps le plus de génie et le plus de
patience. Cette figure dont le mécanisme était
intérieur , avait les mouvemens de la main si
sensibles, et ces mouvemens étaient si réguliers,
que l'automate écrivait des caractères très - bien
formés. Droz travaillait à une pendule astronomique , quand il s'aperçut, mais trop tard , que
les veilles et les fatigues avaient épuisé sa santé.
Vainement il chercha à la rétablir dans un voyage
qu'il fit exprès à Genève. Né le 28 juillet 1721 ,
à la Chaux-de-Fond, dans le comté de Neufchâtel, il mourut à Bienne le 28 novembre 1790.
Droz (Henri-Louis-Jacquet) suivit la même

carrière que Pierre - Jacquet Droz son père, et
ne devint pas moins célèbre que lui. Né à la
Chaux-de-Fond, le 13 octobre 1752, il fit ses
premières études dans la maison paternelle, et
fut ensuite envoyé à Nanci pour y suivre un
cours de mathématiques. Il montra dès son bas
âge, pour la mécanique, des dispositions qui
firent augurer ce qu'il serait un jour. Il n'avait
que vingt-deux ans quand il fit deux automates
bien extraordinaires; l'un dessinait, et l'autre,
qui représentait une jeune fille, jouait sur le
clavecin plusieurs airs, et semblait, par les mouvemens de sa tête et de ses yeux, suivre la musique : quand son morceau était terminé, elle
saluait la compagnie. Ces deux pièces, qui furent
apportées à Paris, attirèrent un concours immense
de curieux. M. de la Reynière, fermier général,
avait un fils qui était privé de l'usage de ses
mains; Droz imagina et fit exécuter par un ouvrier très-habile, nommé Leschot, deux mains
artificielles qui faisaient, au moins en grande
partie, les fonctions de deux mains naturelles.
On rapporte que Vaucanson, après avoir vu cette
invention, dit à Droz : « Jeune homme, vous
« commencez par où je voudrais finir. » Droz
alla ensuite en Angleterre, où il ne fit qu'un
séjour très-court, parce que la température de
ce pays était contraire à sa santé; il y forma cependant un établissement dans lequel on confec-

tionnait les pièces d'horlogerie les plus compliquées. En 1784 Droz alla demeurer à Genève, où, pour premier tribut de l'estime qu'on accordait à ses grands talens, on lui décerna le droit de bourgeoisie. Il ne se contentait pas de son propre travail, et de fournir à tous les frais nécessaires pour les expériences qu'il jugeait importantes, il accueillait encore de la manière la plus encourageante les découvertes qui lui étaient présentées. Il fut l'ami du naturaliste Bonnet. A son génie pour la mécanique, il joignait des mœurs douces, un caractère aimable, des connaissances variées et étendues, et était aussi assez bon musicien ; enfin il possédait toutes les qualités qui rendent un homme agréable dans la société : aussi fut-il recherché par les personnes les plus distinguées. Il fit, sur les moyens d'étendre les fabriques d'horlogerie, et sur les procédés dont on pouvait user pour tempérer l'action trop vive du feu sur l'émail, des mémoires goûtés par tous les hommes de l'art. Droz ayant été attaqué d'une affection de poitrine, les médecins lui conseillèrent d'aller aux îles d'Hières; mais ce voyage n'ayant pas produit sur sa santé l'effet qu'on en avait espéré, Droz se rendit à Naples, où il mourut le 18 novembre 1791. Son éloge, que prononça Senebier à la société d'encouragement, prouva toute l'estime dont jouissait cet artiste célèbre, enlevé à

la société à la fleur de son âge. (Il n'avait que
39 ans).

———

Le DIABLE BOITEUX, *du* 15 *octobre* 1823.

Que ceux qui révoquent en doute les prodiges
mécaniques vantés par les historiens de l'antiquité, abandonnent leur sceptisme à la vue des
merveilles dont nos yeux sont les témoins : ce
n'est plus une fable pour nous que l'existence de
Prométhée, animant l'homme qu'il avait fa-
çonné; et le flambeau de la vie dérobé au maître
du tonnerre, n'est pour nous qu'une image allé-
gorique. Le grec Prométhée n'était qu'un habile
mécanicien, et son chef - d'œuvre un automate,
comme ceux de l'Helvétien Pierre-Jacquet Droz.

La statue de Memnon, qui saluait l'aurore nais-
sante de ses chants harmonieux; les mugissemens
du taureau d'airain de Phalaris, la célèbre grotte
ou salle nommé *l'Oreille de Denis*, où tout ce
qui se disait bas dans les galeries voisines, était
distinctement entendu, au moyen des procédés
perfectionnés de l'acoustique; tous ces miracles,
dont les récits passaient pour fabuleux, ce sont
des jeux d'enfant. Le génie d'un homme du dernier siècle a osé tenter d'avantage; il a entrepris

d'animer d'une vie réelle et instantanée la matière insensible sortie de ses mains, et il a réussi.

Allez rue de Richelieu, à l'angle du boulevart Montmartre, vous y verrez un enfant de cuivre et de carton, ou de bois, auquel vous pourrez dicter ce que vous voudrez ; il obéira, et sa plume vous tracera en caractères fort élégans le mot ou la phrase que vous lui demanderez. Il est vrai qu'il se repose à chaque caractère qu'il forme, mais il le forme si parfaitement et si nettement qu'il pourrait être regardé comme membre de la société de Bonnes-Lettres.

Bien que son organisation intellectuelle soit à ressort, et habituée à une rectitude de mouvemens combinés d'avance par le maître qui lui donne son existence d'un quart d'heure, avec une clef qu'il lui enfonce dans le dos, nous certifions que cet enfant a plus d'intelligence qu'il n'en faut pour être secrétaire d'un grand ; nous le certifions avec d'autant plus de raison, que nous savons qu'il écrit tout ce qu'on lui dicte, quand même ce serait une sottise, parce qu'il est monté pour cela, que sa vie est une vie d'esclave, et son cerveau, son âme et son cœur, un cerveau, une âme et un cœur de bronze.

A côté de ce jeune secrétaire général, (car il écrit pour tout le monde), on voit un autre enfant bien plus libéral que le premier. Celui-ci a toute l'indépendance d'un artiste ; c'est un dessinateur. Nous avouons que le mérite mécanique de cet enfant, ou pour mieux dire sa vie de quelques minutes, est une chose plus admirable qu'aisée à décrire. Il semble qu'un souffle divin l'anime pendant tout le temps nécessaire pour achever un dessin qu'il exquisse entièrement, et qu'il ombre ensuite devant vous, au crayon. Il est impossible de se faire une idée de la légèreté de sa main; son dessin n'est point un tracé simple et égal comme celui d'une machine, on y sent le crayon déjà exercé d'un jeune dessinateur; il appuie dans certains endroits, il conduit sa main avec une finesse et une légèreté telle que nous doutons qu'aucun artiste puisse exécuter plus vite et plus nettement un croquis de fantaisie. Cet enfant dessine sept sujets différens; pendant son travail, ses yeux suivent son crayon, il semble réfléchir de temps en temps, revient quelquefois sur les traits qu'il n'a pas suffisamment marqués, va d'un endroit à l'autre avec une grâce qui fait désirer à plusieurs de ceux qui le regardent d'en savoir faire autant que lui ; on le voit même souffler sur le papier, lorsque quelque chose gêne son crayon. Enfin, nous ne sommes pas surpris que l'inquisition ait voulu brûler ce jeune enfant mécanique et le célèbre Jacquet Droz son maître, et qu'il ne se soit tiré de ses griffes qu'en démontant ses figures, et les mettant en pièces devant le redoutable tribunal, lequel voulait absolument qu'un esprit diabolique animât ces automates merveilleux.

Après avoir été enfermées dans les cachots du Saint-Office pendant si long-temps sans ce plaindre, par suite de l'habitude de l'obéissance passive, ses intéressantes victimes de l'ignorance ont été dégagées de la rouille qui s'était emparée de toutes leurs facultés agissantes, et maintenant elles attendent les curieux pour les convaincre de cette vérité anti-philosophique que tant de gens veulent répandre en ce moment : c'est qu'on peut se passer de génie avec des automates perfectionnés.

Il est encore une parente des enfans mécaniques, rue de Richelieu; c'est une jeune musicienne: elle nous a salué fort poliment de son clavecin, et nous avons pu juger aux mouvemens répétés de son sein, et à celui de ses yeux, qu'elle avait beaucoup de timidité. Les airs qu'elle joue sont un peu gothiques; quant à elle, il y a un demi-siècle qu'elle a quinze ans; heureux priviléges des automates !

Le temps marche, tout change; mais eux, ils sont et font toujours la même chose !

––––––

PILOTE, *du mercredi 15 octobre 1815.*

La réputation de l'Helvétien Jacquet Droz est

ancienne ; il éclipsa la gloire justement acquise par notre célèbre Vaucanson, dans le siècle qui vient de finir.

Tout le monde a entendu parler du flûteur et du canard de Vaucanson, prodiges de mécanique; mais on se rappelle aussi qu'en 1775 Jacquet Droz fit voir à Paris son dessinateur, son écrivain et sa jeune fille touchant du piano.

Nous n'essayerons pas de donner une idée de la perfection de ces trois figures automates, nous nous contenterons de décrire ce dont nos yeux ont été les témoins.

La jeune fille qui touche du piano , joue différens airs, elle suit la musique de la tête et des yeux, et ce sont ses doigts qui agissent sur les touches où ses mains se promènent. Les mouvemens de son sein marquent la respiration; enfin, elle salue avec grâce et modestie à la fin de son morceau: sa musique est d'un style un peu vieux, c'est le seul reproche qu'on puisse lui faire.

L'un des plus singuliers ouvrages de Droz est son enfant écrivain. Cet automate suppose un génie et une patience inconcevable dans son auteur : il écrit très-lisiblement, lentement à la vérité, mais tout ce qu'on lui dicte, et forme ses caractères avec une netteté surprenante; l'œil voit le mouvement des articulations des doigts.

Quand l'automate a épuisé son encre, il en prend de nouvelle en avançant la main à son écritoire, et toujours il a soin de secouer la plume pour n'en prendre que ce qu'il en faut. Ses yeux suivent ce qu'il écrit; il tire à lui son papier de la main gauche, et laisse la droite pour changer de ligne, etc.

Mais le prodige le plus inconcevable est le petit dessinateur; celui-ci est tellement au-dessus des autres, qu'il n'admet aucune comparaison. Cet automate représente un enfant de quatre ans; il dessine légèrement, avec une netteté surprenante et une légèreté de crayon inconcevable, sept dessins différens, etc. Nous n'en dirons pas plus pour laisser au spectateur le plaisir de la surprise, et nous nous contenterons de rapporter l'aventure des automates de Jacquet Droz en Espagne avec l'inquisition.

Après avoir parcouru la France, et Genève, où les habitans émerveillés voulurent récompenser la famille Droz par le don du droit de bourgeoisie dans leur ville, et par le titre de citoyen de Genève, Jacquet Droz se défit de ses figures, et le négociant qui les acheta les porta en Espagne. Là, Charles IV en fut si charmé qu'il en offrit une somme considérable. Tandis qu'on était en marché, quelques mouchards du Saint-Office, honnêtes gens et bons chrétiens d'ailleurs, mais assez pauvres d'esprit, prirent la louable résolution de dénoncer les automates comme ayant chacun un diable dans le corps. Décret de l'inquisition : on

interrogea les figures, dont l'une dessina, l'autre
écrivit, la troisième fit de la musique pour toute
réponse. On allait sans doute les faire brûler
avec leur acquéreur, s'il ne se fût avisé de les
démonter pièce par pièce. Les inquisiteurs recon-
nurent alors que leur perfection était une œuvre
du génie de l'homme, et non une invention du
diable; ils ordonnèrent qu'on rendît la liberté
aux automates, sans leur faire donner la question, et leur propriétaire les apporta en France.

C'est là qu'ils ont dormi pendant toute la révolution, parce qu'alors l'esprit du siècle ne faisait pas autant de cas des hommes - machines
qu'on en fait aujourd'hui. Leur maître a judi-
cieusement pensé que le temps de faire fortune
était venu pour les automates, et nul doute qu'ils
ne la fassent, ainsi que leur possesseur.

———

Le CONSTITUTIONNELLE, *du jeudi 16 octobre* 1825.

Après cinquante ans révolus depuis leur première apparition dans Paris, où ils firent alors
l'admiration de la cour et de la ville, les automates du célèbre Droz, que l'on croyait perdus,
reparaissent aujourd'hui dans cette capitale, où
ils sont offerts de nouveau à la curiosité publique.
Cette petite famille mécanique, qui se compose

des deux frères et de la sœur, a essuyé aussi sa révolution et ses vicissitudes. Elle doit sa restauration et une nouvelle vie aux soins d'un habile artiste, jaloux de s'associer à la gloire de son auteur. Une petite personne douce et modeste, qui touche du piano et salue avec grâce, un jeune enfant plein de candeur, qui dessine au crayon comme un maître, tandis que son frère écrit sous la dictée comme un secrétaire, voilà les merveilles de l'art que l'on voit depuis deux jours au coin du boulevart, rue de Richelieu, n.° 8, dans un très-joli salon, où cette famille intéressante a établi son domicile.

* * *

La Pandore, *du 3 novembre* 1823.

Les automates à face d'homme ont obtenu de tous temps en Europe un grand succès. Ces *Androïdes* (que je me garde bien de confondre avec ceux que Voltaire, après s'être brouillé avec sa majesté prussienne, appelait assez insolemment des *héros à cinq sous par jour*) sont une des plus heureuses combinaisons auxquelles ait atteint le génie imitateur, départi par la nature au plus parfait des êtres créés. La vie, et pour ainsi dire la pensée, transmises à l'acier revêtu de formes décevantes ; le mouvement intelligent imprimé à la matière inerte, tels sont les prodiges enfantés par quelques-uns de ces esprits supérieurs, en qui la patience est aussi un génie. Vaucanson, qu'il faut toujours nommer le premier quand on parle de mécanismes ingénieux, surpassa Vaucanson qui avait déjà découvert la route où ses successeurs devaient marcher depuis à pas de géant. Le *joueur de flûte* fit croire à la fable de Prométhée ; c'était un homme que Vaucanson avait créé, et cet homme était doué de l'instinct musical. Le *canard* qu'exécuta ensuite ce grand maître n'étonna pas moins : non-seulement il avait reçu des mains de Vaucanson le pouvoir d'imiter par son action toutes les habitudes du bipède aquatique qu'il simulait, il réalisait encore toutes les opérations de l'estomac. On crut que là étaient posées les limites de l'art. L'apparition de l'ouvrage de Droz et de son fils démontra que Vaucanson n'avait pas deviné tous les secrets de la mécanique.

Pierre-Jacquet Droz vint de la Suisse à Paris, où il emporta le triomphe le plus flatteur que puisse briguer l'artiste. Il vit accourir en foule au lieu de l'exposition de ses chefs-d'œuvre, tout ce que la grande ville comptait d'hommes distingués dans tous les genres. Les femmes applaudirent sans comprendre, les savans analysèrent, et applaudirent en connaissance de cause.

La plus prodigieuse des productions de Droz, celle qui atteste dans son auteur la plus grande somme de génie et de talent, est le petit *automate écrivain*. Cette merveille, qu'il faut voir pour s'en faire une idée raisonnable, confond l'imagination; elle obéit au désir du spectateur, elle écrit sous la dictée; les caractéres qu'elle trace avec ses doigts flexibles sont agréables; les préliminaires de son exercice, tels que l'action de prendre de l'encre et de secouer sa plume, elle les pratique à ravir; son œil mobile suit les mouvemens de sa main; elle est vivante quant à la partie animale, il ne lui manque enfin que la volonté. C'était là que devait s'arrêter la puissance humaine : elle n'a pu dérober son secret à Dieu. Si elle le pouvait!.... le ciel nous en préserve!

Fils de Pierre-Jacquet Droz, Henri-Louis Droz apprit de son illustre père, l'art d'appliquer à des machines les intentions de l'intelligence de l'homme; il fit plusieurs Androïdes; les plus célébres sont ceux que nous avons vus hier avec un plaisir qui n'a d'égal que notre étonnement. L'un semblable, quant à l'écorce, à l'automate écrivain, est dans l'action d'un enfant qui dessine. Son crayon esquisse des figures ou des compositions; il place les ombres, il trace les contours avec esprit et grâce, il indique les détails et parvient au fini. Un certain nombre de dessins sortent de sa main; il en peut reproduire autant qu'on pourrait faire de cylindres compositeurs. Le second de ces automates est revêtu d'une enveloppe féminine, et représente une jeune fille jouant du piano. Comme les deux autres androïdes, elle a le regard attaché à son travail, et obéissant comme par instinct au sentiment qui semble guider sa main agile. L'aisance de son corps et de sa tête est exprimée avec un rare bonheur; mais ce qui étonne davantage, c'est l'illusion que produit sous son corsage de velours le mécanisme de la respiration.

L'histoire de ces charmans automates est fort curieuse; nous ne voulons en citer qu'un trait. Pendant que le dessinateur, reproduit par son auteur, allait à Pékin amuser les loisirs de ce Kien-Long à qui Voltaire et un poète sur le dernier degré du trône adressaient des vers, ses frères, arrêtés par la sainte Hermandad, étaient traduits, ainsi que leur propriétaire, devant le tribunal éclairé de l'inquisition. Le crime de sorcellerie leur était imputé; le Saint-Office condamna. Charles IV avait pris un grand plaisir à voir ces machines, elles ne lui avaient point paru coupables envers Dieu, de connivences avec le diable. Heureusement pour eux et pour nous, le propriétaire obtint la dissection de ses petits hommes de fer et de cuivre; il les démonta devant le tribunal de mort, et les inquisi-

siteurs restèrent confondus. Les automates furent
sauvés, et c'est après quelques réparations qui
ont été faites par un jeune mécanicien, qu'on
les a exposés dans les salons de l'hôtel n.º 108,
rue de Richelieu. Nous engageons les amateurs
de spectacles vraiment extraordinaires à les visiter. La bonne compagnie en a fait depuis quelque
temps l'objet de ses conversations. Les automates
de Droz, comme naguère ceux de Maëlzel, ont
le privilége de distraire les politiques de leurs
graves occupations, et les femmes des sérieux
entretiens de la modiste et du parfumeur. Nous
devons regretter un ouvrage du célèbre auteur
de la petite pianiste, mort sans avoir mis la dernière main à un automate qu'il devait appeler
l'homme d'état, et dont toutes les fonctions se
réduisaient à signer perpétuellement son nom ;
cet androïde aurait eu en France un succès
d'argent.

Le Journal de Paris, *du 10 novembre* 1823.

Un automate est une machine qui porte en
elle-même le principe de son mouvement : en
1738 Vaucanson exposa à la curiosité des amateurs un automate qui jouait de la flûte : l'Encyclopédie rapporte des fragmens fort étendus du
mémoire dans lequel l'auteur donne la description

des moyens employés par lui pour parvenir à ce résultat extraordinaire. Encouragé par ce premier succès, le mécanicien célèbre fit admirer en 1741, un canard qui buvait, mangeait, digérait, bar-bottait dans l'eau, et croassait comme le canard véritable, dont il imitait tous les mouvemens avec une vérité parfaite. Il y a cinquante ans, MM. Droz apportèrent à Paris deux automates qui exci-tèrent l'attention générale, et que nous revoyons aujourd'hui : l'exposition à laquelle une pièce a été ajoutée se compose d'une jeune personne qui touche plusieurs morceaux de piano ; sa tête suit les mouvemens des mains et marque la mesure ; son sein indique la respiration. L'auto-mate dessinateur produit sept sujets différens de dessins : les mouvemens de la main sont imités avec une grande vérité ; on le voit diviser son papier en compartimens, tracer d'abord le trait, ombrer ensuite, puis encadrer son dessin : si quelque corps étranger se trouve placé sur son papier, il souffle aussitôt pour le faire disparaître.

L'automate secrétaire nous a paru plus extra-ordinaire encore : non-contens des mots que nous lui avons vu tracer de lui-même, nous lui avons dicté une phrase qu'il a copiée lentement, mais avec beaucoup de correction : ce prodige, que nous ne rapportons qu'après avoir tout exa-miné avec une attention scrupuleuse, nous paraît renfermer un éloge complet. Nous avons aussi retrouvé dans les salons de MM. Droz un de ces automates parlans de l'ingénieux Maëlzel, qui avaient été tant remarqué à la dernière ex-position.

Le DRAPEAU BLANC, *du* 11 *Novembre* 1823.

Une des choses les plus curieuses que ren-ferme en ce moment la capitale, c'est sans contredit l'exposition des automates de Pierre-Jacquet Droz et de son fils Henri-Louis. Il est impossible de pousser plus loin l'art de la mécanique, et l'on est tenté, après avoir vu ces merveilles, d'adresser à M. Droz le reproche que fit dernièrement un Anglais au célèbre auteur du Diorama, qu'il traita d'une manière fort peu mesurée, en s'écriant qu'il fallait être un fripon pour montrer des choses naturelles, et faire croire que l'art en cons-titue tout le mérite.

Cette exposition se compose de trois auto-mates, un qui écrit sous la dictée, une jeune demoiselle qui touche du piano, et un enfant qui dessine. Tous les mouvemens que nous faisons en nous livrant à ces différens exer-cices, notre pose, et jusqu'aux impressions que nous pouvons ressentir, tout est imité

avec un art admirable. On se croirait dans un
palais de fées, si la foule qui vous entoure,
les exclamations d'admiration et de surprise,
ne vous faisaient souvenir à chaque instant que
vous êtes sur la terre.

Le DRAPEAU BLANC, *du* 30 *Décembre* 1824.

À la soirée brillante que S. A. S. Mgr. le
duc d'Orléans a donnée samedi dernier à LL.
AA. RR., les merveilleux automates de Droz,
que l'on avait fait venir, ont beaucoup diverti
les augustes personnages, qui en ont témoigné
toutes leur satisfaction. Ce suffrage flatteur,
joint à l'empressement du public, est la plus
douce récompense que puissent ambitionner les
propriétaires de ces surprenantes machines.

JOURNAL DU COMMERCE, *du* 27 *Janvier* 1824.

On annonce que les chefs-d'œuvre de mécanique de Jacquet Droz, dont nous avons parlé
dans le temps avec les éloges qu'ils méritent,
vont cesser bientôt d'être exposés à la curiosité
publique. On dit même que leur propriétaire

a reçu des propositions pour les transporter aux États-Unis , et l'ont peut raisonnablement craindre , dans ce cas , qu'ils ne reviennent pas en France. Nous engageons les personnes qui n'ont pas encore vu ces automates extraordinaires à ne pas perdre de temps pour se rendre rue de Richelieu, n.° 108, où ils sont exposés de onze heures du matin à dix heures du soir. Le propriétaire prend des arrangemens pour faire transporter ses automates à domicile, dans les soirées et réunions.

Ces pièces de mécanique sont au nombre de trois, un dessinateur, un écrivain et une jeune musicienne ; on ne saurait , sans les avoir vues, se faire une idée de la précision de leurs mouvemens , et l'on doute en les voyant que la mécanique ait pu produire de semblables prodiges.

FEUILLE D'ANNONCES DU HAVRE , *du 4 septembre* 1824.

Le Havre possède en ce moment une jeune famille d'artistes fort intéressans , qui nous autorisent à annoncer qu'ils consacreront une partie de leur journée et leurs soirées aux visites qu'indubitablement chacun sera jaloux de leur faire.

Nous citerons d'abord M.lle *Marianne* , jeune

personne qui touche fort joliment du piano et exécute les morceaux les plus difficiles, même sans le secours de son livre; mais ce qui charme le plus en elle, c'est que, modeste autant qu'habile artiste, on ne l'entend point faire parade de son talent, et qu'on ne la voit jamais sourire' d'un petit air vain aux complimens que lui attire son jeu vraiment extraordinaire.

Pendant que l'intéressante musicienne captive l'attention des *dilettanti*, deux jeunes gens qu'à un certain air de famille on reconnaît aisément pour ses frères, se tiennent assis devant une table, et se livrent en silence à leurs différens genres d'étude.

L'un s'occupe du dessin et y excelle; vous le voyez faire en fort peu de temps et avec une précision admirable le plus joli portrait, le plus charmant paysage. Tout artiste est original; celui-ci a la manie de ne jamais ouvrir la bouche lorsqu'il est à l'ouvrage, et rien ne saurait le distraire de son dessin; j'ai vu même de malins enfans poser à plusieurs reprises une poudre légère ou un petit morceau de coton pour exciter son impatience; mais il se contentait toujours de l'enlever avec son souffle, sans daigner jeter les yeux sur celui qui le tourmentait, ou se plaindre de sa malice.

L'autre jeune homme possède un talent peut-être moins brillant, mais dans lequel il est plus qu'amateur ; il écrit depuis la bâtarde jusqu'à l'anglaise , avec une facilité étonnante , et il est tellement enthousiaste de son art , qu'on prétend que lorsqu'il a la tête montée il oublie jusqu'à l'heure de ses repas pour se livrer à son goût pour l'écriture , et qu'il écrirait des journées entières sans se lasser.

Telle est la jeune famille pour laquelle nous voudrions intéresser le public , et certainement nous parviendrons à ce but , lorsque nous ajouterons que ce sont des automates dont la perfection est telle qu'elle produit l'illusion la plus complète.

———

Journal de Rouen , *du 21 octobre* 1824.

Très-peu de personnes se rappellent probablement aujourd'hui avoir vu , mais tout le monde a entendu parler du *joueur de flûte* et du *canard* automates de notre célèbre Vaucanson , qui firent l'admiration de nos pères vers le milieu du dernier siècle, et ajoutèrent encore à la réputation si justement acquise par leur auteur. Ces prodiges de la mécanique, semblaient être en ce genre le plus haut point auquel le génie de l'homme pouvait atteindre, lorsque trente ans après, les helvétiens Jacquet Droz père et fils vinrent leur

ravir cet avantage, en exposant aux regards surpris des Parisiens les merveilleuses figures qui
font l'objet de cet article.

Après avoir fait l'étonnement d'une partie de
l'Europe, l'inventeur les vendit à un riche négociant qui les transporta en Espagne, où elles
faillirent périr, ainsi que leur propriétaire, dans
les cachots du Saint-Office. Elles n'en sortirent
que pour venir s'ensevelir pendant trente-six
années, dans les greniers d'un château près
Bayonne. Le hasard seul les y fit découvrir, mais
dans un état tel qu'il ne fallut rien moins que
l'adresse d'un habile artiste, jaloux de s'associer
à la gloire des Droz, pour les remettre dans leur
état primitif.

L'une de ces figures exécute sous vos yeux,
avec la plus grande correction, différens dessins;
l'autre touche du piano de manière à le disputer
à plus d'une virtuose de salon, et la troisième
écrit, avec une plume ordinaire, tous les mots
qu'on lui indique. Alors même qu'on a vu les
résultats produits par chacune d'elles, on doute
encore, en quelque sorte, de leur réalité, et l'i-
magination se refuse à comprendre par quelles
combinaisons, l'auteur a pu leur imprimer des
mouvemens et une action qui ne semblaient être
que du partage de l'espèce humaine : l'examen
même de l'intérieur de ces machines ne fait
qu'accroître votre étonnement, par la multi-

plicité des rouages et des ressorts qui les font agir.

On assure que ces chefs-d'œuvre sont sur le point de quitter la France pour jamais, et qu'ils vont être transportés dans le Nouveau - Monde. Nous ne saurions donc trop engager les amateurs des arts en particulier, et généralement tous ceux qui aiment le merveilleux, à visiter, tandis qu'il en est temps encore, les *automates de Droz*. Leur miraculeuse perfection ne permet guère de croire qu'ils soient jamais surpassés ; tout annonce, au contraire, que leurs célèbres inventeurs avaient atteint les bornes du possible.

JOURNAL GÉNÉRAL DU LOIRET, *du 27 mars* 1825.

La construction de machines capables de suppléer au travail d'un nombre infini d'ouvriers ; de carder, de soulever des fardeaux, exige, certes, une grande habileté ; mais que penser d'une machine qui peut non-seulement imiter les actions humaines, mais encore agir selon l'exigence des circonstances extérieures, et de même que si elle était douée de vie et de raison ! Un tel prodige existe cependant : Jacquet Droz père et fils ont construit plusieurs automates qui sont maintenant offerts à la curiosité des Orléanais.

L'examen de l'intérieur de ces machines, loin de donner à l'esprit l'explication de ce mécanisme merveilleux, frappe l'imagination d'une espèce de stupeur. Forcé d'admirer la puissance du génie qui sut imprimer à une matière brute des mouvemens et une action qui semblaient n'être que du partage de l'espèce humaine, on est forcé de regretter que de tels hommes n'aient pas employé une force de conception si étonnante à construire des machines utiles. Certes, s'il en eût été ainsi, nous n'aurions plus rien à envier sous ce rapport à nos voisins d'outre-mer.

A l'époque de l'apparition à Paris des automates de Droz, en 1825, les princes du sang voulurent être des premiers à les voir, et voici comment s'exprimait le journal de Paris en rappelant cette circonstance.

« A la soirée de vendredi dernier, chez M.gr le duc d'Orléans, où se trouvaient réunis tous les princes et princesses du sang, on a vu avec intérêt les automates de Droz donner à cette brillante société la preuve de tout ce que peut l'industrie jointe à la patience; ces trois automates, écrivain, pianiste et dessinateur, ont opéré, chacun en son genre, de manière à mériter les éloges des personnages augustes qui ont daigné les honorer de leur attention. »

JOURNAL D'INDRE ET LOIRE, *du 16 mai 1826.*

Avez-vous vu les *Automates !* Telle est la question que m'adressaient depuis huit jours, avec le ton de l'enthousiasme, toutes les personnes de ma connaissance. J'ai vu, il y a quelques années, le fameux joueur d'échecs ; tout Paris l'a admiré ; je ne pensais pas que le génie humain pût aller plus loin dans l'art d'animer, pour ainsi dire, la matière. Cependant, étourdi de l'éloge pompeux que l'on ne cessait de me faire des Automates de MM. Droz père et fils, mécaniciens suisses, je suis allé les voir. Une société non moins brillante que nombreuse, que je trouvai en extase, m'empêcha de satisfaire toute ma curiosité ; les hommes attestaient que c'était une merveille, les dames criaient au miracle. Avant que d'applaudir, je voulais connaître, examiner, analyser. Je m'échappai de la foule enthousiaste, je revins le lendemain. Le joueur de flûte de Vaucanson, son canard qui buvait, mangeait, digérait et barbottait ; le joueur d'échecs que j'ai tant admiré quand je le vis gagner cinq parties de suite, ces automates étonnaient ; on rendait hommage au génie qui les a créés ; mais il serait difficile de rendre l'impression que l'on éprouve en voyant un automate écrivant sous la dictée ; on le croit animé ; on est disposé à lui parler ,

on le touche même pour s'assurer si le charlatanisme ne va pas jusqu'à donner le nom d'automate à un enfant vivant. Ses yeux qui se meuvent
dans tous les sens, toujours à propos et avec une
sorte d'intelligence, surprennent autant que sa
main qui, avec toute l'aisance d'un maître d'é-
criture, secoue sa plume, prend de l'encre, l'é-
puise, en reprend, et passe d'une ligne à une
autre sans la moindre contrainte. A coup sûr, se
dit-on, voilà le *nec plus ultrà* de la mécanique,
et l'on aurait raison, si une jeune demoiselle,
en touchant différens airs sur le piano, avec autant de grâce et de facilité qu'une virtuose, ne
commandait à son tour l'admiration, et ne semblait dire : Et moi aussi je suis le *nec plus ultrà*
de la mécanique.

On ne peut s'empêcher d'en convenir, quand
les mouvemens de sa tête et de ses yeux, la mo-
bilité de ses paupières, la timidité qu'elle annonce dans un salut plein de grâce et de candeur, et surtout l'agitation de son sein naissant
indiquent...... j'allais dire qu'elle vit et qu'elle
respire; mais, comme on voit avec surprise que
ce n'est qu'une Automate, bornons-nous à dire
que c'est une merveille qu'il faut avoir vue pour
en admettre l'existence.

Cessez d'admirer ma sœur, venez à moi, vous
dit des yeux un jeune enfant, qui le crayon à la
main, dessine avec une légèreté incroyable, avec

l'aplomb d'un artiste consommé, sept sujets différens. Cet Automate, prodige inconcevable de
l'art et du génie, apporte une si scrupuleuse attention à son travail, qu'il suit son crayon des
yeux. Si quelque chose le gêne, si par malice on
jette de la poudre ou du coton sur son papier,
sans s'émouvoir, il souffle légèrement et le fait
disparaître. Son dessin presque terminé, il prend
l'attitude d'un sage dessinateur, il semble réfléchir, il place les ombres, il revient sur les traits,
il les retouche et perfectionne l'ensemble de son
dessin, et parvient au fini avec une adresse et
une précision qui font encore dire : voila *le nec
plus ultrà* de la mécanique.

L'histoire de cette famille d'Automates est aussi
curieuse que leurs talens sont admirables. La stupeur dans laquelle m'a jeté leur miraculeuse perfection m'oblige d'en remettre le récit à un autre
jour. Je me propose de vous la conter. En attendant, si vous aimez le merveilleux, si vous voulez éprouver l'illusion la plus complète, allez
voir les Automates de Droz père et fils.   Lu...-L..

JOURNAL D'INDRE ET LOIRE, *du 28 mai 1825.*

Qu'est-ce que c'est qu'un automate ? — Un automate est une machine qui imite le mouvement des corps animés, mais qui n'agit que d'après l'impulsion qu'elle reçoit : on en voit partout ; le monde en est peuplé. Ce valet de chambre qui, rampant au pied de son maître, exprime un zèle, un respect, un dévoûment, et surtout un désintéressement inexprimable..... *automate* ; son mobile ? l'intérêt : il sera maître-d'hôtel. Ce financier qui, plein d'une générosité patriotique, accourt, au premier besoin de l'État..... *automate :* son mobile ? l'intérêt : qu'on accepte ses offres de service, le voilà millionnaire. Mais ce jeune homme ardent, amoureux, plein de feu, dont l'empressement, les égards, la galanterie et les sermens assiègent le cœur de cette veuve qui brûle de voir la fin de son deuil...... *automate* ; son mobile ? l'intérêt. Il convoite une dot de cent mille francs ; il l'obtiendra, la jouera et la perdra ; c'est l'usage. Les trois enfans de Droz, qui, par leurs talens extraordinaires, font crier merveille aux curieux qui vont les voir *écrire*, *dessiner* et toucher du piano, direz-vous aussi... ? Certainement, oui, je dirai, et avec encore plus de raison, *automates*, *automates*, et le *nec plus ultrà* des *automates ;* leur mobile ? l'intérêt. Ils font fortune.

Ces trois automates , qui fixent l'attention de toute la ville , ont un avantage dont bien des automates de l'espèce humaine ne peuvent se flatter de jouir : le nom de leurs pères est connu, très - connu ; qui plus est , ce sont des mécaniciens célèbres , dont la renommée surpasse celle de Vaucanson. Ces trois enfans , dont les traits délicats annoncent encore le premier âge , sont nés , il y a environ 65 ans , à la Chaud-de-Fond, dans le comté de Neuchâtel. A peine furent-ils au monde qu'ils firent l'admiration de la cour de France. Dès leurs premiers ans , ils passèrent sous la tutelle d'un mécanicien qui s'occupa de mettre leurs talens à profit. Ils se rendirent en Angleterre , où ils laissèrent les souvenirs les plus honorables. Le désir de voyager et l'ambition d'étendre leur renommée les conduisirent Espagne , où le roi Charles IV fut si émerveillé de leur savoir faire , que ce prince pria leur tuteur de les lui abandonner moyennant une forte indemnité ; mais celui-ci , désirant mettre à contribution la curiosité et l'admiration des autres cours , ne céda point aux sollicitations de Sa Majesté. Il ne tarda pas à s'en repentir ; car la renommée de ses merveilleux pupilles éveilla l'attention des inquisiteurs , automates rivaux de tous les automates possibles. Soit envie, soit curiosité, ces messieurs vinrent inspecter les enfans de Droz. Ces trois innocens, qui n'avaient pas encore assez d'expérience pour savoir que l'ignorance seul ou l'hypocrisie pouvait obtenir grâce devant des juges de cette espèce, firent briller leurs talens avec tant de supériorité que ces hauts juges, dans leur haute intelligence, déclarèrent hautement que ces machines n'étaient rien autre chose que des envoyés du diable, et que leur existence était le fruit de quelque sortilège. D'après une décision aussi lumineuse, MM. les inquisiteurs, par un acte digne de leur sagesse, firent jeter dans leurs cachots, *jusqu'à plus ample imformé*, automates, conducteur et tuteur. Malheureusement les automates interrogés firent preuve d'un talent réel : l'un répondit en écrivant, l'autre en dessinant, et la demoiselle en jouant *la Fandango* sur le piano. En fallait-il davantage pour attirer sur leur tête la fatale sentence. L'*auto-da-fé* allait probablement s'ensuivre, lorsque la peur de se voir rôtir tout vif avec ses pupilles, engagea leur tuteur à leur arracher les entrailles. Cette barbarie prouva aux juges que tout le sortilège consistait en des rouages de cuivre, ouvrage ingénieux de l'homme et nullement du diable.

Cette démonstration valut la liberté aux orphelins Droz; mais leurs conducteurs , effrayés du danger qu'ils avaient couru , les reléguèrent dans un vieux château près de Bayonne , où ils passèrent trente-six ans ignorés, mais tranquilles. Que de gens d'un grand mérite morts , hélas ! tragiquement , vivraient encore , s'ils avaient eu, comme nos automates , la prudence d'enfouir leurs talens ! Un coup de soleil tue l'arbre le plus vigoureux , surtout s'il est élevé.

Enfin ces automates qui , outre la vie , ont conservé la fraîcheur de l'enfance , sont rendus à la société; ils voyagent au milieu des applaudissemens publics. La beauté du sol de la Touraine les a attirés à Tours ; l'accueil que les habitans de cette ville font aux artistes distingués, leur a rendu ce séjour fort agréable. L'un d'eux écrivait hier à un amateur : *Nous regrettons de ne pouvoir aller rendre les visites dont on nous a honorés ; mais outre que nous sommes à la veille de notre départ , nous éprouvons une incommodité qui s'oppose à notre reconnaissance. Une détention et une retraite de trente-six ans nous ont ôté l'usage des jambes.* Cette excuse est valable. Il convient donc que les personnes qui désirent de jouir encore des talens de ces trois merveilleux enfans, aillent elles-mêmes leur faire les adieux d'usage ; on ne doit pas tenir à l'étiquette avec les infirmes.

Lu... L.

JOURNAL DE LA SARTHE, *du 8 juin 1825.*

La ville du Mans jouit en ce moment d'un spectacle fort extraordinaire ; je veux parler de la *jeune famille* de MM. Droz.

On dit communément d'acteurs gauches et mal tournés, ou d'actrices qui manquent de mémoire et d'aplomb, que ce sont de *véritables automates ;* il devient nécessaire d'employer désormais d'autres expressions, si l'on ne veut faire un éloge au lieu d'une critique. En effet, combien de *jeunes premiers*, loin d'être *habiles écrivains* ou *bons dessinateurs*, savent à peine lire couramment, et doivent leurs succès à l'habileté du souffleur et du costumier ! Combien d'*amoureuses*, sales et laides, écoutent avec une rare effronterie de fades complimens sur la beauté de leur visage et les grâces de leur personne ! Sans l'expérience de la grimeuse, la finesse de nos blancs de céruse et de nos cosmétiques, le plus grand nombre de ces belles personnes ferait reculer le parterre !... Quelques-unes chantent fort bien ; mais toute musique leur est étrangère, et sans la *patience* des répétiteurs, elles seraient incapables de rendre fidèlement un couplet. Et pourtant voilà les dieux auxquels sacrifie une ardente jeunesse !

voilà ceux qui , à la fin de chaque mois (et plus souvent encore au commencement et par avance) , dévorent plus d'argent qu'il n'en faut pour le traitement d'un juge , d'un préfet , d'un conseiller-d'état et même d'un directeur-général !

A l'exemple des *Romains* , nous demandons du pain et des spectacles : mais qu'allait chercher au théâtre ce peuple conquérant et créateur des arts ? Il applaudissait à la bravoure d'un soldat , ou au courage avec lequel un esclave affrontait la mort ; et nous , tristes imitateurs , nous prenons feu pour les *bêtises* de Brunet , et nous restons extasiés au *farces* de Pottier. Des hommes qui , pour de l'argent , s'empressent de remplir les rôles les plus abjects , qui se mettent dans la peau d'un ours ou d'un singe , et s'étudient à en imiter les gestes et la voix , obtiennent tous nos applaudissemens.

Si nous voulons des spectacles , pourquoi ne pas chercher ceux qui élèvent l'âme , aggrandissent nos idées , et nous forcent à l'estime de nous-mêmes ? Tels sont les produits de la peinture , de la sculpture , et surtout ceux de la mécanique.

MM. Droz père et fils , qui vivaient au 18.e siècle , ont exécuté divers pièces de mécanique faites pour exciter l'admiration.

Sans aucun moteur caché , un enfant écrit sous la dictée du spectateur , un autre dessine des sujets différens, et une jeune demoiselle touche du piano.

Le propriétaire de ces véritables merveilles a parfaitement raison de dire, qu'avec de tels chefs-d'œuvre, il ne faut pas de charlatanisme ; et en effet, il explique avec complaisance tous les mouvemens qu'on voit faire ; il montre aux amateurs les pièces intérieures du mécanisme, et si l'on reste étonné de la simplicité des rouages, on ne l'est pas moins de leur multitude, de leur harmonie et de leur précision.

Quelles études il a fallu faire pour obtenir de tels résultats ? quel cacul et quelle dextérité !

Voilà les talens qu'il faut encourager, et les hommes qu'il convient d'honorer. Une mère de famille peut sans danger conduire son jeune fils et sa fille à un semblable spectacle ; ils n'y verront rien qui blesse leurs chastes regards, et n'y entendront aucune expression qui porte le trouble dans leurs jeunes cœurs, ou leur inocule le germe indestructible des plus vicieuses passions.

Ces automates sont conduits en Angleterre, et iront de là aux États-Unis. Heureusement que notre France, privée de ces belles machines, possède encore des hommes habiles ; nous conservons l'auteur du *joueur* d'échecs, du panharmonicon, du componium, etc. Espérons que ces habiles mécaniciens produiront quelque composition nouvelle, et qu'ils trouveront partout d'honorables suffrages et d'utiles encouragemens.

En attendant, nous ne pouvons qu'engager nos concitoyens à visiter le cabinet des automates de MM. Droz.

JOURNAL DE NANTES ET DE LA LOIRE INFÉRIEURE,
du 31 août 1825.

Il a été donné au génie de l'homme d'augmenter ses facultés à l'aide de nouveaux moyens créés par lui-même. C'est surtout dans la mécanique que se montre la marche de l'esprit vers la perfection, et lorsque nous la voyons, dans ses grands développemens actuels, contribuer si puissamment à l'accroissement de l'industrie, source de l'aisance du peuple, de la fortune des hautes classes laborieuses, et de la prospérité des États protecteurs, nous aimons à nous retracer ses progrès successifs.

Ne la considérant, ici, que dans une seule de ses branches, nous trouvons qu'à la naissance de l'horlogerie, l'eau, par sa fluidité naturelle, servit à marquer les heures dans une espèce de long entonnoir dont l'étroit orifice ne laissait passage qu'à un lent écoulement. C'était la clepsydre des Égyptiens et des Romains. Long-tems après vinrent les horloges à poids et à rouages, et ce ne fut que dans le XVII.ᵉ siècle que par le ressort métallique en spirale, on commença à faire des montres portatives, qui, perfectionnées de plus en plus, sont devenues de vrais chronomètres, plus justes que le temps qu'ils servent à mesurer. Ainsi, la matière, par de savantes combinaisons crée le mouvement, l'entretient et le régularise, et, en renouvellant son action, on la rend durable. C'est approcher de bien près l'une des fonctions de la vie alimentée.

L'artiste a voulu davantage : il a espéré trouver l'introuvable mouvement perpétuel, et c'est à cette illusion, comme à une autre erreur, la pierre philosophale, que les sciences doivent leurs plus belles découvertes. Sans pouvoir atteindre à l'impossible, on ne s'est arrêté qu'à ses limites ; et d'efforts infructueux dans leurs prétentions chimériques, sont sorties des productions vraiment merveilleuses.

Nous n'hésitons pas à donner ce titre pompeux aux automates que nous venons de voir, place Bourbon, parce que nous sommes encore dans l'étonnement et dans l'admiration que nous ont fait éprouver ces chefs-d'œuvre de l'art. Nous nous garderons bien de nuire, par une description anticipée, au premier charme que produisent ces figures agissantes sur le spectateur non-prévenu. La surprise a son agrément. Nous tairons de même nos observations sur le mécanisme et ses effets ; non-seulement parce que nous pouvons avoir mal compris, mais encore parce que nous sentons que chacun aime à juger d'après soi. Ce que nous pouvons assurer, c'est que toute personne de goût verra avec plaisir la pianiste, l'écrivain et le dessinateur de Jacquet Droz, et en conservera un souvenir avantageux.

JOURNAL DE BORDEAUX.

L'INDICATEUR, *du 25 octobre 1825.*

Dès qu'il est question de mécanique, l'idée se porte naturellement sur notre célèbre Vaucanson ; on se rappelle qu'il étonna Paris et la France entière par son berger qui jouait de la flûte, et par son canard artificiel qui barbotait, avalait le grain et le digérait. Quoique ces deux androïdes parussent être, dans le temps (1738 et 1741), le dernier effort de l'esprit humain, Vaucanson crut qu'il valait mieux être utile qu'étonnant ; il inventa des moulins, des métiers à tisser la laine et la soie ; enfin, une foule d'ustensiles dont nous lui sommes redevables, et dont le plus grand nombre jouit sans s'être jamais informé du nom de l'auteur.

Pierre-Jacquet Droz, de Neufchâtel, parut avec son automate écrivant sous la dictée; il fut bientôt suivi de son fils, Henri-Louis Jacquet Droz, qui apportait son automate dessiteur, ainsi qu'une jeune fille touchant du clavecin : l'existence de ces trois merveilles peut seule en prouver la possibilité. Elles furent admirées à Londres comme à Paris. Un riche négociant les acheta fort cher, vint en Espagne, suivi d'un habile mécanicien. Le roi Charles IV s'amusa beaucoup à voir travailler ces petites figures et voulut même en faire l'acquisition.

L'inquisition, qui en sait plus que les rois et les savans, ce qu'elle voudrait bien nous prouver encore, ne vit que sortilège dans l'œuvre du génie, automates, négociant et mécanicien furent bientôt plongés dans les cachots du saint-office. Les figures furent démontées pièce à pièce: il fallut se rendre à l'évidence, l'auto-da-fé n'eut pas lieu; mais le négociant, qui ne rêvait que fagots, vint mourir des suites de la peur qu'il avait eue, dans un château qu'il possédait près de Bayonne.

L'écrivain, le dessinateur et la pianiste sont restés trente-six ans dans un grenier de l'habitation de feu leur propriétaire. Ce n'est que depuis peu qu'on les a retrouvés. M. Bourquin a fait disparaître les traces du temps et de la rouille ; de sorte qu'après plus de soixante ans

de vicissitude , ces intéressantes figures reparaissent avec tout l'éclat et la fraîcheur de
leur première jeunesse. Heureux privilége des
automates !

Je vais trouver beaucoup d'incrédules tout en
disant l'exacte vérité ; n'importe. L'écrivain co-
piera , avec précision , tout ce qu'il vous plaira
de lui dicter ; son frère , le dessinateur fait
plusieurs petits sujets avec une élégante facilité ; il esquisse d'abord , il ombre ensuite et
souffle sur son papier pour écarter l'obstacle
léger qui vient entraver la marche de son crayon.
Leur sœur, la pianiste, exécute plusieurs airs ;
tout indique dans ses traits la modestie et la
timidité d'une jeune fille , elle parcourt de l'œil
l'étendue de son clavier , son sein palpite , elle
salue agréablement.

Combien a-t-il fallu d'essais, de calculs, de
combinaisons, pour arriver à de pareils résultats ? Que de patience et de savoir on doit
supposer à l'auteur de semblables machines !
Imiter les mouvemens du corps était déjà beaucoup , les appliquer à l'usage de talens utiles
et agréables qui exigent de longues études ,
doit paraître bien plus surprenant encore. C'est
prendre la nature sur le fait , et l'embellir de
tous les prestiges de l'art.

Les automates de Droz sont visibles à toute
heure , du matin jusqu'au soir , on n'attend pas.

Ces petites merveilles rendent croyable tout ce qu'on raconte de la statue de Memnon, du taureau de Phalaris, de la Madone de l'inquisition, et autres jongleries à l'aide desquelles des fourbes ont, en tout temps, exploité la crédulité publique à leur profit. Ici, du moins, l'esprit et les yeux sont satisfait sans péril et l'étonnement ne laisse d'accès qu'à l'admiration : Allez, voyez et croyez.

———

L'Écho du Midi, *du 21 mars 1826.*

Nous n'avons pu jusqu'ici parler pour notre propre compte du merveilleux spectacle offert à l'admiration de nos concitoyens par le propriétaire des automates de Pierre-Jacquet Droz. En attendant que nous puissions parler plus en détail de ce chef-d'œuvre de mécanisme, nous dirons cependant que nous regardons ces automates qui dessinent, jouent du piano et écrivent sous la dictée, comme un des spectacles les plus intéressans et les plus dignes d'exciter au plus haut degré la curiosité publique. Les curieux se portent en foule dans la salle où sont déposés ces automates ; il n'est personne, en effet, qui puisse se priver d'admirer l'ouvrage du célèbre Droz. La perfection de ces automates ne permet pas de croire qu'elle soit jamais surpassée, c'est un véritable prodige du génie et de l'art ; non-seulement ces figures imitent les actions humaines, mais elles agissent comme si elles étaient douées de la vie et de la raison. Ces automates sont visibles place Royale, n.° 1.

JOURNAL DE TOULOUSE ET DE LA HAUTE-GARONNE, *du 23 mars 1826.*

Les automates des célèbres mécaniciens Pierre et Henri-Louis-Jacquet Droz sont depuis quelques jours offerts à la curiosité des Toulousains, qui s'empressent de les visiter. Rien jusqu'à présent n'a été exécuté avec plus de perfection. Rien non plus, depuis le *flûteur* et le *canard* de Vaucanson, n'a joui d'une réputation si universelle et si bien méritée. Après avoir fait l'admiration des cours étrangères et de Paris qui, à cinquante ans d'intervalle, les a vus et retrouvés avec les mêmes sentimens d'estime, le *dessinateur*, l'*écrivain* et *la jeune pianiste*, peuvent enfin lever sur toutes les parties de la

France, un tribut que le public acquitte avec empressement en argent et plus encore en éloges. Il faudrait transcrire tous les journaux de Paris pour faire connaître le jugement de la capitale sur ces chefs-d'œuvre du génie mécanique.

***

Journal de Toulouse et de la Haute-Garonne, *du 27 avril 1826.*

Les automates de ce mécanicien fameux vont quitter à jamais Toulouse et la France. Après avoir fait l'admiration de tous les artistes, ils vont montrer le prodige de leur création à des peuples lointains et enrichir peut-être les collections d'une cour étrangère. C'est une véritable perte pour les arts de notre patrie. Il est difficile en effet de se faire une idée de ces petites merveilles, si l'on n'a pas examiné avec soin leur étonnant mécanisme. Que d'efforts, de patience et de génie il a fallu pour arriver à ces heureux résultats ! Combien d'essais infructueux, de combinaisons diverses, de savantes recherches ont exigé, et cet enchaînement réciproque de tant de ressorts, et cette précision dans les mouvemens qu'ils impriment !

L'illusion est complète. La petite main du dessinateur trace, avec toute l'aisance et toute la régularité de la pensée, les dessins nombreux qu'on leur prépare. Ce n'est pas seulement une de ces impulsions qui, données une fois ne s'arrêtent que pour recommencer encore; l'adresse de l'inventeur a été aussi loin qu'il est permis au génie de l'homme. Les poses variées exigées par la figure qu'il veut représenter; la reprise des traits qui n'ont pas atteint du premier coup la perfection désirable; les ombres jetées avec mesure autour des premières lignes, et au milieu de ces phénomènes dont on a de la peine à concevoir la justesse, les yeux de l'automate constamment mobiles et suivant chaque mouvement du crayon, comme si l'intelligence en dirigeait la marche, voilà ce que M. *Droz* est parvenu à créer et ce qui paraît incompréhensible. Son génie ne s'est pas borné là. Il en a étendu la portée à l'écriture, à la musique, et deux nouveaux automates, placés à côté du premier, sont tout prêts à écrire sous la dictée du spectateur, ou à charmer son oreille par les sons d'une ravissante harmonie. Nous engageons donc les amateurs à se rendre au salon qui renferme ces trois chefs d'œuvre et à partager avec nous le plaisir et l'étonnement que nous avons éprouvés,

Journal de Savoie, *du 15 septembre 1826.*

Dimanche dernier, 10 de ce mois, LL. MM. le Roi et la Reine ont daigné honorer de leur attention, dans leurs appartemens, au Château Royal de cette ville, les automates de Droz le *Pianiste*, l'*Écrivain* et le *Dessinateur*. Ces admirables chefs - d'œuvre de mécanique, fruits du génie et des talens des célèbres Droz, père et fils, sont peut-être au-dessus de tous les éloges qu'ils ont reçus. On peut voir à ce sujet les intéressans détails que donne M.me de Genlis, de l'enfant dessinateur et de la jeune pianiste, dans le second volume des *Veillées du Château.* LL. MM. ont paru prendre un vrai plaisir à considérer ces automates en action; elles ont témoigné toute leur satisfaction au propriétaire, qui s'est trouvé doublement récompensé, par l'honneur de paraître en leur présence, et par les marques de leur générosité qu'Elles ont daigné lui faire tenir.

LE MERCURE SÉGUSIEN, JOURNAL DES ARTS ET DU COMMERCE DE LA VILLE DE ST.-ÉTIENNE, *du 10 Février 1827.*

Nous avions, dans l'un des précédens N^{os}, manifesté le désir de voir arriver dans notre ville les merveilleux automates de Droz. Nos vœux ont été entendus. Ces jeunes artistes consentent à se détourner de leur route, comme tant d'autres illustres voyageurs, pour visiter le Birmingam de la France.

Les automates de Droz ne sont point une curiosité d'enfant; ce sont de vrais chefs-d'œuvre de mécanique qui, depuis plus de quatre-vingts ans, font l'admiration de tous les curieux : ils ont été honorés de l'accueil des souverains de l'Europe, dont plusieurs les ont vus différentes fois avec un plaisir toujours nouveau. A Lyon, tout ce qu'il y a de plus distingué dans la ville s'est empressé de les visiter; M. le lieutenant-général, commandant de la division, M. le comte de Brosse, préfet du Rhône, sont allés les voir : l'écrivain, le dessinateur, la jeune pianiste et la danseuse ont été tour-à-tour l'objet de leur admiration et de leur étonnement : ce sont vraiment des merveilles qui ne peuvent manquer d'attirer la foule. Eh! qui ne serait pas charmé de faire connaissance avec ce petit bambin, l'aîné de la famille, qui écrit, sous la dictée, avec tant de docilité et d'attention, tout ce que l'on désire! S'il n'écrit pas aussi vite qu'un clerc de procureur, il a du moins sur lui un avantage inapréciable, celui de former des caractères lisibles. L'*écrivain* est, de tous les ouvrages de Pierre-Jacquet Droz, celui qui suppose le plus de génie et de patience. Droz l'exécuta à son retour de Madrid, où il était allé présenter au roi d'Espagne une pendule qui, au moyen de la combinaison de deux métaux inégalemeut dilatables, pouvait marcher sans être remontée, tant que les pièces n'en seraient pas détériorées par le frottement.

Le *dessinateur* n'est guère moins digne que son frère de fixer l'attention des spectateurs. C'est un petit garçon qui dessine à merveille et avec la plus grande application : de temps en temps il éloigne sa petite main pour contempler son ouvrage, et souffle sur son papier pour en écarter la poussière légère formée par le crayon, ou les corps étrangers qui pourraient le gêner. Nous ne doutons pas que ce petit gaillard ne remportât le premier prix de dessin, s'il concourait jamais avec un élève de l'*ancienne* école gratuite de dessin de cette ville.

La sœur de ce petit bambin est une jeune personne timide, qui joue très-agréablement du

clavecin : ses doigts parcourent le clavier avec
beaucoup d'agilité ; ils semblent à peine l'effleu-
rer; ses yeux pleins de modestie suivent toujours
le mouvement de ses doigts ; elle n'a garde
de les fixer sur les personnes qui l'honorent
de leur présence , et même son émotion est
si grande , lorsqu'elle joue devant une assemblée
nombreuse , que sa respiration en est gênée ,
et qu'on la voit respirer d'un bout de la salle
à l'autre. Au surplus , comme elle a reçu une
très-bonne éducation, elle connaît parfaitement
toutes les convenances , et fait une profonde
inclination lorsqu'elle achève de jouer.

Ces deux derniers androïdes doivent l'existence à Henri-Louis-Jacquet Droz, fils du précédent.

Une petite danseuse, tout-à-fait gentille, vient
d'être introduite dans cette famille : elle exécute
les pas les plus difficiles en parfaite mesure et
avec une grâce admirable. Le mécanisme de
cette figure , unique dans son genre, et qui n'a
encore été exposée qu'à Lyon , est si ingénieux ,
qu'il est impossible de comprendre comment
on peut la faire tenir perpendiculairement ,
sans le secours d'aucun fil.

Lorsqu'on la voit paraître , on est tenté de
croire que le ressort qui la fait mouvoir est
placé sous ses pieds. Mais on est bientôt dé-
sabusé , lorsqu'on reconnaît que l'interposition

d'un corps étranger ne nuit point à la régularité de
ses mouvemens. La surprise n'a pas encore cessé,
que la jeune fille, comme pour prévenir de
nouvelles conjectures, qui ne seraient pas mieux
fondées que les premières, se tourne dans tous
les sens, et force les plus incrédules à convenir qu'elle est née avec la faculté et le talent
de la danse, puisque nulle impulsion étrangère
ne lui communique le mouvement. Le spectateur en est vraiment intrigué : Mr Bullot,
directeur actuel de ces jeunes artistes, a donné
le jour à cette petite danseuse.

Il y a encore un jeune enfant qu'on entendait
ces jours-ci, avec plaisir, quoique le moins savant
de la troupe. Ce pauvre petit ne savait dire encore
que *papa*, *maman*. On espérait qu'en gran-
dissant, il acquerrait quelque talent qui le ren-
drait digne de figurer à côté de ses frères et
sœurs. Mais vain espoir ! Un malheureux acci-
dent la mis au bord de la tombe, et cause
des inquiétudes pour sa vie. Hâtez-vous, amateurs, hâtez-vous d'accourir au café de M.^r Ra-
disson, place Monsieur, si vous voulez voir
cette intéressante famille. Songez qu'un mal-
heur ne vient jamais seul, et que la mort qui
menace un de ses membres, pourrait bien
en atteindre plusieurs. Eh ! quel dommage, si
le gentil écrivain venait dans la mauvaise saison
à gagner une fluxion de poitrine ou un ca-

iarre ; si mademoiselle Elisa se trouvait atteinte de paralysie , ou si la danseuse venait à se faire une entorse. Que Dieu détourne de si tristes présages , et inspire aux successeurs de Mr Droz , le dessein de prolonger son séjour dans notre ville.

ERRATA.

Page 21, ligne 6, au lieu de 1773, *lisez* 1763.

Page 24, ligne 12, au lieu de n.º 8, *lisez* n.º 108.

Page 25, ligne 5, après mécanismes ingénieux , *lisez* Droz surpassa Vaucanson.

Page 28, ligne 3, au lieu de qui ont été faites par un jeune mécanicien, *lisez* qui leur ont été faites.

Page 35, ligne 21, au lieu de qu'on lui indique , *lisez* qu'on lui dicte.

Page 46, ligne 25, au lieu de 18.e, *lisez* 17.^e

TABLE

DES MATIÈRES.

Fin de la Table.

Saint-Étienne, Imprimerie de Durand SAURET, Rue Saint-Louis (1827).

VENTE DU MERCREDI 16 MAI 1894

HOTEL DROUOT, SALLE N° 10

à deux heures

TABLEAUX

ANCIENS ET MODERNES

DESSINS ET AQUARELLES

PASTELS ET GOUACHES

Cadres

EXPOSITION PUBLIQUE

LE MARDI 15 MAI 1894

DE 1 HEURE 1/2 A 5 HEURES 1/2

COMMISSAIRE-PRISEUR	EXPERT
Mᵉ Paul CHEVALLIER	M. Eug. FÉRAL, peintre
10, rue de la Grange-Batelière, 10	54, Faubourg-Montmartre, 54